BEI GRIN MACHT SICH IHR WISSEN BEZAHLT

- Wir veröffentlichen Ihre Hausarbeit, Bachelor- und Masterarbeit

- Ihr eigenes eBook und Buch - weltweit in allen wichtigen Shops

- Verdienen Sie an jedem Verkauf

Jetzt bei www.GRIN.com hochladen und kostenlos publizieren

Thomas Gawehn

Bemessung und Gestaltung eines Konsolanschlusses

GRIN Verlag

Bibliografische Information der Deutschen Nationalbibliothek:

Die Deutsche Bibliothek verzeichnet diese Publikation in der Deutschen Nationalbibliografie; detaillierte bibliografische Daten sind im Internet über http://dnb.d-nb.de/ abrufbar.

Dieses Werk sowie alle darin enthaltenen einzelnen Beiträge und Abbildungen sind urheberrechtlich geschützt. Jede Verwertung, die nicht ausdrücklich vom Urheberrechtsschutz zugelassen ist, bedarf der vorherigen Zustimmung des Verlages. Das gilt insbesondere für Vervielfältigungen, Bearbeitungen, Übersetzungen, Mikroverfilmungen, Auswertungen durch Datenbanken und für die Einspeicherung und Verarbeitung in elektronische Systeme. Alle Rechte, auch die des auszugsweisen Nachdrucks, der fotomechanischen Wiedergabe (einschließlich Mikrokopie) sowie der Auswertung durch Datenbanken oder ähnliche Einrichtungen, vorbehalten.

Impressum:

Copyright © 2009 GRIN Verlag GmbH
Druck und Bindung: Books on Demand GmbH, Norderstedt Germany
ISBN: 978-3-640-53841-6

Dieses Buch bei GRIN:

http://www.grin.com/de/e-book/142014/bemessung-und-gestaltung-eines-konsol-anschlusses

GRIN - Your knowledge has value

Der GRIN Verlag publiziert seit 1998 wissenschaftliche Arbeiten von Studenten, Hochschullehrern und anderen Akademikern als eBook und gedrucktes Buch. Die Verlagswebsite www.grin.com ist die ideale Plattform zur Veröffentlichung von Hausarbeiten, Abschlussarbeiten, wissenschaftlichen Aufsätzen, Dissertationen und Fachbüchern.

Besuchen Sie uns im Internet:

http://www.grin.com/

http://www.facebook.com/grincom

http://www.twitter.com/grin_com

Gawehn, Thomas

„Bemessung und Gestaltung eines Konsolanschlusses"

Version 0

Konstruktion

Inhaltsverzeichnis

Inhaltsverzeichnis 2
Verzeichnis der Formelzeichen, Abkürzungen und Indizes 3
1 Aufgabenstellung 6
2 Entwurfsberechnungen 7
2.1 Erforderliches Widerstandsmoment des Tragarms 7
2.2 Schweißnaht Träger / Grundplatte 7
2.3 Schraubenverbindung 9
2.4 Bolzendurchmesser 10
2.5 Augenbreite 11
3 Konstruktive Gestaltung der Baugruppe 12
4 Nachrechnungen 13
4.1 Trägerquerschnitt 13
4.2 Schweißnaht: Träger - Grundplatte 15
4.3 Schraubenverbindung 17
4.3.1 Nachgiebigkeiten 17
4.3.2 Kräfte 19
4.3.3 Spannungsnachweis 20
4.3.4 Flächenpressung 21
4.3.5 Anzugsmoment 22
4.3.6 Neu berechnete Werte 22
4.4 Bolzendurchbiegung 28
4.4.1 Modellvariante 1 28
4.4.2 Modellvariante 2 29
4.5 Bolzen 30
5 Stückliste 32
6 Konstruktionsbeschreibung 33
7 Literaturverzeichnis 35
8 Anlagen 36

Verzeichnis der Formelzeichen, Abkürzungen und Indizes

A	Fläche; Querschnitt
A_B	Bolzenquerschnitt
A_{d3}	Gewindekernquerschnitt
A_N	Nennquerschnitt des Schraubenschaftes
A_P	Auflagefläche
A_S	Spannungsquerschnitt
A_{Serf}	erforderlicher Spannungsquerschnitt
A_W	tragende Querschnittsfläche der Schweißnaht
a	Schweißnahtdicke
c_B	Betriebsfaktor
D	Durchmesser / Nenndurchmesser des Innengewindes
D_A	Ersatz-Außendurchmesser des Grundkörpers in der Trennfuge; gemittelter doppelter Randabstand
$D_{A,Gr}$	Grenzdurchmesser
D_1	Innendurchmesser des Innengewindes
D_2	Flankendurchmesser des Innengewindes
d	Durchmesser / Nenndurchmesser des Außengewindes
d_h	Bohrungsdurchmesser
d_{Km}	mittlerer Reibdurchmesser in der Schraubenkopfauflage
d_w	Außendurchmesser der Schraubenkopfauflage
d_1	Innendurchmesser des Außengewindes
d_2	Flankendurchmesser des Außengewindes
d_3	Kerndurchmesser des Außengewindes
E	Elastizitätsmodul
E_P	Elastizitätsmodul der Platte(n)
E_S	Elastizitätsmodul der Schraube
f	Durchbiegung
F	Kraft
F_A	axiale Betriebskraft
F_K	Klemmkraft
F_{Kerf}	erforderliche Mindestklemmkraft
F_{KQ}	Klemmkraft zur Übertragung der Querkraft
F_{KR}	Restklemmkraft
F_M	Montagevorspannkraft

F_{Mzul}	zulässige Montagevorspannkraft
$F_{M0,9}$	Montagevorspannkraft bei 90%iger Ausnutzung der Mindeststreckgrenze
F_{PA}	Plattenzusatzkraft
F_{PM}	Montagevorspannkraft plattenseitig
F_Q	Querkraft
F_S	Schraubenkraft
F_{SA}	Schraubenzusatzkraft
F_V	Vorspannkraft
F_Z	Vorspannkraftverlust
f	Längenänderung
f_{PA}	Zusatzverformung der Platte(n) (durch Wirkung von F_A)
f_{SA}	Zusatzverformung der Schraube (unter F_A)
f_{PM}	Längenänderung der Platte bei Wirkung von F_M
f_{SM}	Längenänderung der Schraube bei Wirkung von F_M
f_Z	Setzbetrag
I_W	Flächenträgheitsmoment der Naht
k	Spannungsbeiwert
l	Länge
l_G	Ersatzdehnlänge des eingeschraubten Gewindekerns
l_{Gew}	Länge des nicht eingeschraubten belasteten Gewindeteils
l_H	Hülsenhöhe
l_K	Klemmlänge
l_M	Ersatzdehnlänge des Einschraubgewindebereiches
l_{SK}	Ersatzdehnlänge des Schraubenkopfes
l_V	Höhe des Verformungskegels
M_A	Anzugsmoment
M_b	Biegemoment
M_G	Gewindemoment
M_t	Torsionsmoment
m_{eff}	effektive Einschraubtiefe
n	Krafteinleitungsfaktor
P	Gewindesteigung oder Flächenpressung
p_G	Grenzflächenpressung
p_m	mittlere Flächenpressung
q	Anzahl von Trennfugen
R_m	Mindestzugfestigkeit
R_e	Streckgrenze

R_z	gemittelte Oberflächenrauheit
S.	Seite
SB	Studienbrief der HFH
S_{erf}	erforderliche Sicherheit
s	Materialstärke
W_b	Widerstandsmoment bei Biegung
z	Anzahl der Schrauben
α	Anziehfaktor
β_S	Nachgiebigkeitsfaktor der Schraube
δ_G	Nachgiebigkeit des eingeschraubten Gewindes
δ_{Gew}	Nachgiebigkeit des nicht eingeschraubten, belasteten Gewindes
δ_M	Nachgiebigkeit des Mutter- bzw. Einschraubgewindebereichs
δ_{SK}	Nachgiebigkeit des Schraubenkopfes
δ_P	Nachgiebigkeit der Platte
δ_S	Nachgiebigkeit der Schraube
δ_P^V	Nachgiebigkeit des Verformungshohlkegels
δ_P^H	Nachgiebigkeit der Hülse
κ	Spannungsverhältnis
μ	Reibungszahl
μ_G	Gewindereibungszahl
μ_{ges}	Gesamtreibungszahl
μ_K	Kopfreibungszahl
σ_b	Biegespannung
σ_d	Druckspannung
σ_v	Vergleichsspannung
σ_z	Zugspannung
τ	Spannung
τ_s	Schubspannung
τ_t	Torsionsspannung
Φ	Kraftverhältnis
Φ_K	Kraftverhältnis bei Betriebskrafteinleitung unter dem Kopf
Φ_n	Kraftverhältnis bei Betriebskrafteinleitung in der Platte
ξ	Reduktionsfaktor

1 Aufgabenstellung

In dieser Hausarbeit wird ein Konsolanschluss bemessen und gestaltet nach den Vorgaben der Studienleistung WB-KON-S21-090117 in der Version **0**, der Matrikelnummer 1086970 entsprechend.

Zu diesem Zweck werden sämtliche Bauteile überschläglich in einem ersten Entwurf berechnet, worauf die weitere Nachrechnung aufbaut. Fachlich unterbaut wird die Ausarbeitung durch technische Zeichnungen, Rechnungen in MDESIGNmec, weitreichende Darstellungen und einer Konstruktionsbeschreibung.

Zur vereinfachten Problemanalyse werden zunächst die Lagerkräfte ermittelt und veranschaulicht.

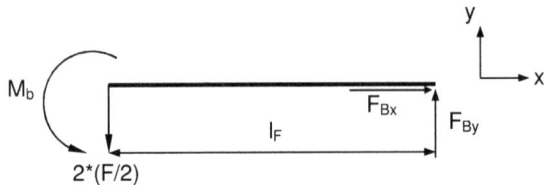

Abb.1: Lagerreaktionen des Tragarms

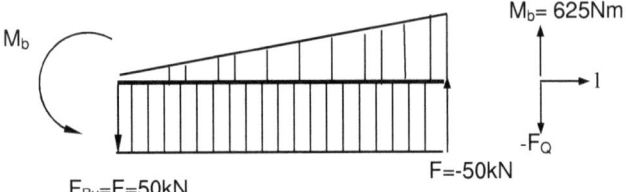

Abb.2: Querkraft- und Momentenverlauf des Tragarms

2 Entwurfsberechnungen

2.1 Erforderliches Widerstandsmoment des Tragarms

Aus den gegebenen Größen

S_{erf} = 2; S235JRH[1]: R_e=235 N/mm², R_m=340N/mm²
(Größeneinflussfaktor K_1 bleibt unberücksichtigt)

wird durch Umstellung der Formel für Biegespannung[2] das nötige Widerstandsmoment errechnet.

$$\sigma_{bF} = K_2 * \text{Re} = 1,2 * 235 N/mm^2 = 282 N/mm^2$$

$$\sigma_{b\,zul} = \frac{\sigma_{bF}}{S_{erf}} = \frac{282 N/mm^2}{2} = 141 N/mm^2$$

$$M_b = F * l_F = 50000 N * 320 mm = 16000000 Nmm$$

$$W_b = \frac{M_b}{\sigma_{bzul}} = \frac{16000000 Nmm * mm^2}{141 N} = 113475 mm^3 \approx 113 cm^3$$

Mit diesem Ergebnis lässt sich aus der Tabelle 1[3] das Hohlprofil DIN EN 10210-2 – 180x100x6 S235JRH ermitteln, das bei hochkant verbauter Lage mit dem Wert W_{xx}= 150cm³ die vorhandene Biegespannung von W_b =113cm³ überschreitet.

2.2 Schweißnaht Träger / Grundplatte

Bei dieser Verbindung des Trägers mit der Grundplatte wird mit einer umlaufenden Kehlnaht gearbeitet, die für diesen Einsatz typisch ist. Sie sticht hervor (gegenüber der Stumpfnaht) durch den geringen Aufwand bei der Nahtvorbereitung und dem gleichbleibendem Wert (σ=140 N/mm²) für Zug-, Druck-, Biege- und Schubbeanspruchung[4]. Die Stumpfnaht muss bei der Schubbeanspruchung Einbußen (σ=90 N/mm²) hinnehmen. Zugrunde gelegt wurden hier die beste Bewertungsgruppe B und das Spannungsverhältnis von κ=+1 für statische Belastungen.

Die Schweißnahtdicke wird wieder rechnerisch[5] ermittelt:

$$a = 0,7 * T \leq 0,7 * 6mm = 4,2 mm$$

---

[1] Studienbrief 9 / S.17
[2] Studienbrief 2 / S.38
[3] Angabenblatt der Hausarbeit S.3
[4] Studienbrief 9 / S.25
[5] Angabenblatt der Hausarbeit S.6

Von den gebräuchlichen Schweißnahtdicken wird a = 4mm gewählt.

Mit dieser Vorarbeit lässt sich nun das erforderliche Widerstandsmoment der Schweißnaht abschätzen. Bei einer umlaufenden Schweißnaht ohne Anfangs- und Endkrater und einem Minimum an Schweißnahtvolumen lassen sich unter Berücksichtigung einzig der Biegespannung folgende Formeln[6] aufstellen:

$$A_W = 2*a*(B+H) = 2*4mm*(100mm+180mm) = 2240mm^2$$

Für das Widerstandsmoment der Schweißnaht werden folgende Maßangaben herangezogen, die die Innen- und Außenmaße der rechteckigen Schweißnahtgeometrie wiedergeben:
H=188mm, B=108mm, h=180mm, b=100mm

$$W_{ba} = 0,97 * \frac{B*H^3 - b*h^3}{6*H} = 0,97 * \frac{108mm*(188mm)^3 - 100mm*(180mm)^3}{6*188mm} = 115596mm^3$$

Die vorhandene Biegespannung ergibt sich zu

$$\sigma_{bwa} = \frac{M_b}{W_{ba}} = \frac{16000000 Nmm}{115596mm^4} = 138,4 N/mm^2 (> \sigma_{bzul} = 131 N/mm^2)$$

und ist somit größer als die maximal zulässige (aber um 10 N/mm² reduzierte[7]) Biegespannung. Das bedeutet, dass das Hohlprofil nicht verwendet werden kann, weil zu wenig Schweißnahtvolumen aufgetragen werden kann, um den Halt zu gewährleisten und somit muss ein neues Profil ausgewählt werden.

Die nächste Größe vom Hohlprofil DIN EN 10210-2 ist 200x100x6 S235JRH, W_{xx} = 175cm³
Die Schweißnahtgeometrie hat die Abmessungen:
H=208mm, B=108mm, h=200mm, b=100mm

$$W_{ba} = 0,97 * \frac{B*H^3 - b*h^3}{6*H} = 0,97 * \frac{108mm*(208mm)^3 - 100mm*(200mm)^3}{6*208mm} = 134 cm^3$$

Die nun vorhandene Biegespannung ergibt sich zu

$$\sigma_{bwa} = \frac{M_b}{W_{ba}} = \frac{16000000 Nmm}{133595mm^4} = 120 N/mm^2 (< \sigma_{bzul} = 131 N/mm^2)$$

und erfüllt die Bedingung, kleiner als die maximal zulässige Biegespannung zu sein. Daher wird dieses Hohlprofil in den weiteren Berechnungen verwendet.

---

[6] Angabenblatt der Hausarbeit S.6 / Studienbrief 3 / S.15+16
[7] Angabenblatt der Hausarbeit S.6 / Punkt 4.

2.3 Schraubenverbindung

Um die Schraubenverbindung berechnen zu können, werden folgende Bedingungen getroffen:
Die Schweißbaugruppe wird gelenkig in F_B gelagert, F_s gibt die erforderliche Schraubenkraft wider und es herrscht Momentengleichgewicht vor.[8]

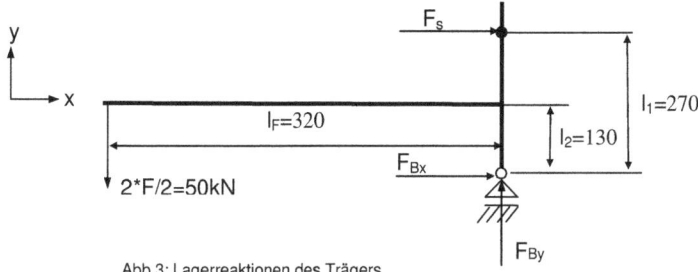

Abb.3: Lagerreaktionen des Trägers

$\overset{\curvearrowleft}{M_B}$:

$$F*320mm - F_s*270mm = 0$$

$$F_s = \frac{F*320mm}{270mm} = \frac{50000N*320mm}{270mm} = \underline{59259N} \quad (= F_A)$$

Durch die Kraft F_A werden alle Schrauben gleichmäßig und zentrisch belastet. Die Anzahl z und Größe der Schrauben wird anhand des erforderlichen Schraubenquerschnitts[9] ermittelt.

$$A_{Serf} = \frac{F_{Amax} + F_{kerf}}{\frac{R_e}{\xi * \alpha_A} - \beta_s * E_{st} * \frac{f_z}{l_k}} = \frac{118518N + 0N}{\frac{940N}{1,19*2mm^2} - 0,8*210000N/mm^2*\frac{0,008mm}{25mm}} = 347mm^2$$

Folgende Werte wurden verwendet:

$F_{Amax} = S_{erf} * F_A = 2 * 59259N = 118518N$
$F_{AS} = F_{Amax} / z = 118518N / 4 = 29630N$
$F_{kerf} = 0N$ (da keine Querkräfte vorhanden sind)
$f_z = (3+3+2)\mu m = 8\mu m = \underline{0,008mm}$
Schrauben DIN EN ISO 4017 – Gewinde bis annähernd Kopf und der Festigkeitsklasse 10.9: $R_m = 1040N/mm^2$, $R_e = 940N/mm^2$
Sicherheit $S_{erf} = 2,0$[8]; Anzugsfaktor $\alpha_{erf} = 2,0$[8]; $R_z = 20\mu m$ (Grundplatte)
$\mu_{Gmin} = \mu_{Kmin} = 0,12$; $\beta_s = 0,8$; $\xi = 1,19$[10]; $l_k = 25mm$
q=1 (Trennfuge) ; $E_{st} = 210000N/mm^2$

---

[8] Angabenblatt der Hausarbeit S.6
[9] SB 3, Gleichung 3.42, S.41
[10] SB9, S.28

Den erforderlichen Querschnitt von 347mm² gilt es zu erreichen.
Bei Verwendung von metrischen Regelgewinden lässt sich mit vier
Schrauben M12 lediglich ein Querschnitt von 337mm² erzielen.
Drei Schrauben der Größe M16 ergeben 470mm², was bereits stark über
das Geforderte hinausgeht und somit nicht dem Minimalprinzip der
Bauteile entspricht.
Daher werden hier vier Schrauben mit metrischem Feingewinde M12x1
gewählt, da dieser Querschnitt mit 384mm² sehr gut über dem
erforderlichen liegt.

Für die weiteren Berechnungen liegen diese Angaben für die Schraube
M12x1 vor:
$P=1,0$; $d_2=11,35mm$; $d_3=10,77mm$; $A_s = 96,1mm^2$; $d_w = 16,6mm$; $z = 4$

2.4 Bolzendurchmesser

Die Angaben[11] zur Entwurfsrechnung des Bolzendurchmessers gliedern
sich wie folgt:
Es wird ein Bolzen mit Presssitz in einem Biegeträger berechnet, der fest
eingespannt und beidseitig mit F/2 = 25000N belastet ist. Die Länge des
Bolzenüberstandes aus dem Auge ist 25mm. Die erforderliche Sicherheit
wird mit 2,6 veranschlagt. Der Hebelarm der Kraft wird auf die Mitte des
Auges (angenommene Augenbreite ist 20mm) bezogen.
Der Bolzen besteht aus 35S20 (Automatenstahl) mit den Festigkeiten:
$R_m= 600N/mm^2$; $R_e = 380N/mm^2$

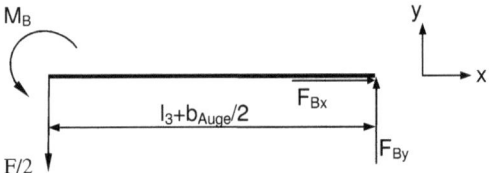

Abb.3: Lagerreaktionen des Bolzens (linke Hälfte von vorne gesehen)

$\overset{\frown}{M_B}$:

$$-\frac{F}{2}*(l_3+\frac{b_{Auge}}{2})+M_b = 0$$

$$M_b = \frac{F}{2}*(l_3+\frac{b_{Auge}}{2})$$

$$M_b = 875Nm$$

Mit diesem Ergebnis lässt sich nun zusammen mit der maximal zulässigen
Biegespannung von

---

[11] Angabenblatt S.7

$$\sigma_{b\,max\,zul} = \frac{\sigma_{b\,Re}}{S_F} = \frac{380 N/mm^2}{2,6} = 146 N/mm^2$$

das Widerstandsmoment

$$W_b = \frac{M_{b\,max}}{\sigma_{b\,max\,zul}} = \frac{875000 Nmm}{146 N/mm^2} = 5993 mm^3$$

errechnen. Dieses Widerstandsmoment wird mit der Formel für den Kreisquerschnitt[12] umgestellt zu

$$W_b = \frac{\Pi * d^3}{32} \Rightarrow d = \sqrt[3]{\frac{W_b * 32}{\Pi}} = \sqrt[3]{\frac{5993 mm^3 * 32}{\Pi}} = 39,37 mm$$

Der gewählte Bolzendurchmesser nach Normreihe beträgt 40mm.

2.5 Augenbreite

Links und rechts am Tragarm sind Augen angeschweißt, durch die der Bolzen gesteckt ist. Für diese Augen wird eine Flächenpressung an der Krafteinleitungsstelle von p_{zulA} = 60N/mm² zugrunde gelegt. c_B=1 (weil statische Belastung vorliegt) und sonstige Angaben sind dem Vorangegangenen zu entnehmen.

$$p_m = \frac{c_B * F}{A_B} = \frac{1 * F}{b * d}$$

$$b = \frac{F}{p_m * d} = \frac{25000 N}{60 N/mm^2 * 40 mm} = \underline{10,4 mm}$$

Die rein rechnerisch sich ergebenden 10,4mm werden mit einer Sicherheit von 1,5 beaufschlagt und führen somit zu einer endgültigen Augenbreite von gerundet 16mm. (10,4mm x 1,5 Sicherheit = 15,6mm)

---

[12] SB9, S13

3 Konstruktive Gestaltung der Baugruppe

Der Konsolanschluss (in der Anlage im Zusammenbau gezeichnet) besteht aus einer Grundplatte (ebenfalls im Anhang dargestellt), auf der ein Hohlprofil mit rechteckigem Querschnitt hochkant aufgeschweißt ist. Seitlich von dem Hohlprofil am freien Ende des Kragarms sind zwei Buchsen angebracht, die dafür sorgen, dass die Flächenpressung eines eingetriebenen Bolzens die zulässigen Werte nicht überschreitet und gleichzeitig sind die Augen notwendig, um dem Bolzen einen festen Presssitz zu ermöglichen. An dem Überstand aus der Buchse heraus wird die Kraft eingeleitet. Sie muss genau symmetrisch aufgebracht werden, damit die Konstruktion keine Torsion aufnehmen muss, weil sie hierfür nicht ausgelegt wurde. Da die statisch belastete Konsole auf einer Kante aufsitzt, sind die vier benötigten Schrauben lediglich oberhalb des Hohlprofils angebracht. Wichtig ist an dieser Stelle noch, dass die Kante, auf der die Grundplatte abgestützt wird, exakt waagerecht ist, da die Bemaßung der Zeichnungen darauf aufbaut.

Das Gesamtgewicht der so zusammen gestellten Schweißbaugruppe beträgt circa 30 Kilogramm.

4 Nachrechnungen

Die bisherigen Berechnungen bezogen sich auf den Entwurf der einzelnen Bauteile und wurden nur überschläglich ausgeführt. Zur Bestätigung der Entwurfsrechnung folgt die Nachrechnung, bei der die Baugruppe mit den endgültigen Abmessungen und den maximalen Werten überprüft wird.

4.1 Trägerquerschnitt

Zur Veranschaulichung der Nachrechnungen soll die folgende Abbildung dienen. Hier werden die einzusetzenden Werte aufgezeigt zur Ermittlung der Biegung, des Schubs und der Vergleichsspannung nach der Gestaltänderungshypothese.

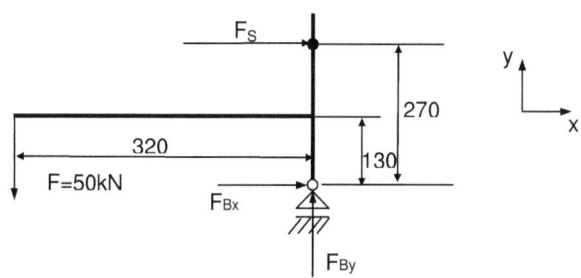

Abb.4: Lagerreaktionen des Biegeträgers

$M_b = F * l_F = 50000N * 320mm = 16000000 Nmm = 16000 Nm$

Das Widerstandsmoment des Hohlrechteckprofils[13] 200*100*6 mm beträgt Wb = 175cm3. Der Werkstoff für den Biegeträger ist S235JRH (wie S235JR[14] zu behandeln). Der Größeneinflussfaktor K_1 bleibt unberücksichtigt, die statische Stützwirkung[14] K_{2F} = 1,2.

$\sigma_{bF} = K_{2F} * R_e = 1,2 * 235 N/mm^2 = 282 N/mm^2$

$\sigma_{bzul} = \dfrac{\sigma_{bF}}{S_{erf}} = \dfrac{282 N/mm^2}{2} = 141 N/mm^2$

$\sigma_b = \dfrac{M_b}{W_b} = \dfrac{16000000 Nmm}{175000 mm^3} = 91,4 N/mm^2 < \sigma_{bzul}$

---

[13] Angabenblatt S.3
[14] Angabenblatt S.4 und SB9 / S.17

Der Querschnittsbeiwert für Abscherspannung beträgt $\delta = 3/2$ bei quadratischem Querschnitt. Daraus folgt:

$$\tau_{s\max} = \delta * \frac{F_Q}{A_{Träger}} = \frac{3}{2} * \frac{50000N}{3420mm^2} = 22 N/mm^2$$

Mit diesen beiden Ergebnissen lässt sich die Vergleichsspannung nach der Gestaltänderungsenergiehypothese errechnen.

$$\sigma_v = \sqrt{\sigma_b^2 + 3*\tau_s^2} = \sqrt{(91,4mm^2)^2 + 3*(22mm^2)^2} = 99 N/mm^2 < \sigma_{bzul}$$

Als Resultat kann somit bestätigt werden, dass der Tragarm mit dem Rechteckhohlprofil 200x100x6mm nach DIN EN 10210-2 ausreichend bemessen ist. Es könnte nach der folgenden Grafik beim Lieferanten angefragt werden.

Stahlbau-Hohlprofil, kaltgef. geschw.

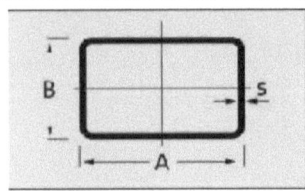

Abmessung mm	kg/m	Preis / m €/m
200x80x8,0	31,43	auf Anfrage
200x80x8,8	33,77	auf Anfrage
200x80x10,0	38,12	auf Anfrage
200x100x3,0	13,70	auf Anfrage
200x100x4,0	18,00	auf Anfrage
200x100x5,0	22,10	auf Anfrage
200x100x5,6	24,50	auf Anfrage
200x100x6,0	26,40	auf Anfrage

Abb.5: Auszug aus Katalog Fa.SHP Stahl GmbH & Co. KG

4.2 Schweißnaht: Träger - Grundplatte

Der Querschnitt für eine gewählte Schweißnahtdicke von a=4mm und der
- Höhe H=200mm+2*4mm=208mm,
- Höhe h=200mm (Trägeraußenmaß),
- Breite B=100mm+2*4mm=108mm,
- Breite b=100mm (Trägeraußenmaß)

wird nach der Formel[15]

$$A_{Schw} = 0,99*(B*H - b*h) = 0,99*(108mm*208mm - 100mm*200mm) = \underline{2439mm^2}$$

ermittelt. Daher ergibt sich die Schubbeanspruchung der Schweißnaht mit

$$\tau_{Schw} = \frac{F_q}{A_{Schw}} = \frac{50000N}{2439mm^2} = \underline{20,5N/mm^2}$$

und das Biegewiderstandsmoment der Schweißnaht[15]

$$W_{bSchw} = 0,97*\frac{(B*H^3 - b*h^3)}{6*H} = 0,97*\frac{(108mm*208^3 mm^3 - 100mm*200^3 mm^3)}{6*208mm} =$$
$$= 133595mm^3 \approx \underline{134cm^3}$$

Die Biegespannung der Schweißnaht

$$\sigma_{bschw} = \frac{M_b}{W_{bschw}} = \frac{16000000Nmm}{133595mm^3} \approx 120N/mm^2$$

Der Spannungsnachweis für den Nahtquerschnitt erfolgt über die Normalspannungshypothese (wegen der Versprödung des Werkstoffes beim Schweißen).

$$\sigma_v = 0,5*\left[\ |\ (\sigma_{z,d} + \sigma_b)\ | + \sqrt{(\sigma_{z,d} + \sigma_b)^2 + 4*(\tau_s + \tau_t)^2}\right] =$$

$$\sigma_v = 0,5*\left[\ |\ (120N/mm^2)\ | + \sqrt{(120N/mm^2)^2 + 4*(20,5N/mm^2)^2}\right] = \underline{123,4N/mm^2}$$

---

[15] Angabenblatt S.6

Der Spannungsnachweis erlaubt nun bei einer umlaufenden Kehlnaht (Spannungsverhältnis κ=1 und **Bewertungsgruppe B**) eine Ausführung der Schweißnaht wie in der Entwurfsrechnung vorgeschlagen mit a=4mm.

Die zulässige Spannung $\sigma_{bzul}=141 N/mm^2 > \sigma_v = 123 N/mm^2$

Eine Nachrechnung mit MDESIGNmec führt zum gleichen Ergebnis:

```
Ergebnisse

Schnittkräfte:
Max. Normalkraft                     Nmax       =     50.000    kN
Min. Normalkraft                     Nmin       =     50.000    kN

Schwerpunktskoordinaten:             ys         =     60.000    mm
                                     zs         =    100.000    mm

Schweißnahtflächen:                  Ages       =   2560.000    mm²
                                     Ayges      =    960.000    mm²
                                     Azges      =   1600.000    mm²

Schweißnahtdicke:
Min. Schweißnahtdicke                amin       =        2.0    mm
Max. Schweißnahtdicke                amax       =        4.4    mm
Schweißnahtdicke:                    a          =      4.000    mm
Widerstandsmomente:
                                     Wy         = 153224.533    mm
                                     Wz         = 121742.222    mm
                                     Wt         = 202368.000    mm
Resultierende Spannungen:
                                     σresmax    =     19.531    N/mm
                                     τresmax    =      0.000    N/mm
Zulässige Spannungen:
Zul. Normalspannung                  σzul       =     60.000    N/mm
Zul. Schubspannung                   τzul       =    110.000    N/mm

Dauerfestigkeitsnachweis:
                                     1 > 0.106

Hinweise:
Der Dauerfestigkeitsnachweis ist erfüllt !
```

4.3 Schraubenverbindung

Die notwendigen Vorgaben[16] zu den Formeln bestehen aus dem Krafteinleitungsfaktor n=0,6 (Krafteinleitung nahe dem Schraubenkopf), der Scheibe (falls benötigt) nach DIN EN ISO 7089 mit R_Z<10µm, der Durchgangsbohrung mit den Maßen „mittel" für d_h=H13 (entspricht 13,5mm), den Daten für eine Dünnschaftschraube mit Gewinde bis zum Kopf nach DIN EN ISO 4017 und der Festigkeitsklasse 10.9, der Grundplatte mit einer gemittelten Rauhtiefe von R_Z=20µm, einem Anziehfaktor α_A = 2,0, einem Nachgiebigkeitsfaktor der Schraube β_s = 0,8, den Reibungszahlen μ_{Gmin}= μ_{Kmin}=0,12, dem Reduktionsfaktor ξ=1,19, einer Klemmlänge von l_K=25mm, der Restklemmkraft F_{KR}=0,8*F_{AS} = 23704N; einer Mindestzugfestigkeit R_m = 1040N/mm², der Streckgrenze R_e=940N/mm² , einem Elastizitätsmodul von E_{St} = 210000N/mm², einem Kopfauflagenaußendurchmesser d_w=16,6mm , d_3 = 10,77mm und dem Verbindungskoeffizient w = 2 für eine Einschraubverbindung.

4.3.1 Nachgiebigkeiten

Der Grenzaußendurchmesser ergibt sich nach Berechnung von
$$D_{A,Gr} = d_W + \tan 30° * w * l_K = 16,6mm + 0,58 * 2 * 25mm = 45,5mm$$
Um die Flächenpressung der Schrauben örtlich nicht zu erhöhen wird ein Schraubenabstand von t=50mm gewählt. Somit berühren sich die Verformungskegel der einzelnen Schrauben nicht.
Daraus ergibt sich ein Ersatzaußendurchmesser bei nebeneinanderliegenden Schrauben von
$$D_{A,t} = 2*t - d_h = 2*50mm - 13,5mm = 86,5mm$$
$$D_{A,t} > D_{A,Gr}$$
Die Höhe des Verformungskegels beträgt
$$l_V = \frac{(w*l_K)}{2} = \frac{2*25mm}{2} = \underline{25mm}$$
Der Schraubenverformungskegel kann sich komplett ausbilden, wobei keine Verformungshülse entsteht.

---

[16] Angabenblatt S.7

Mit diesen Erkenntnissen wird nun die Plattennachgiebigkeit berechnet.

$$\delta_P^V = \frac{\ln\left[\frac{(d_w+d_h)*(d_w+1{,}15*l_v-d_h)}{(d_w-d_h)*(d_w+1{,}15*l_v+d_h)}\right]}{1{,}81*E_p*d_h} = \frac{\ln\left[\frac{(16{,}6+13{,}5)*(16{,}6+1{,}15*25-13{,}5)}{(16{,}6-13{,}5)*(16{,}6+1{,}15*25+13{,}5)}\right]}{1{,}81*210000*13{,}5} mm/N$$

$$\delta_P^V = 3{,}23*10^{-7} mm/N$$

$$\delta_P = \frac{2}{w}*\delta_p^V + \delta_p^H = 1*3{,}23*10^{-7} mm/N$$

Die Mindesteinschraubtiefe[17] folgt aus

$\frac{\tau_B}{R_m} \approx 0{,}6$ (für Stahl), was umgestellt wird zu

$\tau_B \approx 0{,}6*R_m = 0{,}6*1040 N/mm^2 = \underline{624 N/mm^2}$

Mit diesem Wert kann nun aus der Tabelle[17] abgelesen werden:

$m_{eff}/d \approx 0{,}7$ was umgestellt wird zu

$m_{eff} \approx 0{,}7*d = 0{,}7*12mm = \underline{8{,}4mm}$

Die theoretische Schraubenlänge beträgt:

$l_{Schr} = 25mm + 8{,}4mm = 33{,}4mm$ und wird gerundet auf

$l_{Schr} = \underline{35mm}$

(Die erforderliche Einschraubtiefe ist somit l_G = 10mm.)

Die Berechnungen der Nachgiebigkeiten der Schrauben[18] gestalten sich wie folgt:

$$\delta_{SK} = \frac{l_{SK}}{(E_S*A_N)} = \frac{0{,}5*12mm}{210000 N/mm^2 * \frac{12^2 mm^2 * \pi}{4}} = 2{,}53*10^{-7} mm/N$$

$$\delta_{Gew} = \frac{l_{Gew}}{(E_S*A_{d_3})} = \frac{25mm}{210000 N/mm^2 * \frac{9{,}85^2 mm^2 * \pi}{4}} = 1{,}56*10^{-6} mm/N$$

$$\delta_G = \frac{l_G}{(E_S*A_{d_3})} = \frac{10mm}{210000 N/mm^2 * \frac{9{,}85^2 mm^2 * \pi}{4}} = 6{,}25*10^{-7} mm/N$$

---

[17] SB9 / S.28
[18] SB3 / S.33

$$\delta_M = \frac{l_M}{(E_S * A_N)} = \frac{0{,}33*12mm}{210000N/mm^2 * \frac{12^2 mm^2 * \Pi}{4}} = 1{,}68*10^{-7} mm/N$$

$$\delta_S = \delta_{SK} + \delta_{Gew} + \delta_G + \delta_M = (2{,}5 + 16{,}0 + 6{,}25 + 1{,}68) mm/N * 10^{-7} = \underline{2{,}64*10^{-6} mm/N}$$

Das Kraftverhältnis[19] bei Betriebskraftangriff unter dem Kopf lässt sich folgern aus

$$\phi = \phi_K = \frac{\delta_P}{(\delta_P + \delta_S)} = \frac{3{,}23*10^{-7} mm/N}{2{,}96*10^{-6} mm/N} = \underline{0{,}109}$$

Durch Berücksichtigung des Krafteinleitungsfaktors n erhält man das Kraftverhältnis

$$\phi = \phi_N = n * \phi_K = 0{,}6 * 0{,}109 = \underline{0{,}0654}$$

4.3.2 Kräfte

Auftretende Setzvorgänge führen bis zu drei Tagen nach Festziehen der Schraubverbindung noch zu einem Vorspannkraftverlust durch Setzen der Schraubenverbindung. Die Addition der Setzbeträge[20] führt zu

$$f_Z = (3 + 3 + 2) \mu m = 8 \mu m$$

Das ergibt dann einen Vorspannkraftverlust von

$$F_Z = \frac{f_Z}{(\delta_P + \delta_S)} = \frac{0{,}008 mm}{2{,}96*10^{-6} mm/N} = \underline{2703N}$$

Die maximal mögliche Montagevorspannkraft F_{Mmax} je Schraube (bei vier Schrauben) wird aus F_{Amax} berechnet.

$$F_{AS} = \frac{F_{Amax}}{z} = \frac{118518N}{4} = \underline{29630N}$$

$$F_{MS\,max} = \alpha_A * [F_{Kerf} + (1 - n * \Phi_K) * F_{AS\,max} + F_Z] =$$

$$= 2{,}0 * [0 + (1 - 0{,}6 * 0{,}109) * 29630 + 2703] = \underline{60790N}$$

---

[19] SB3 / S.37
[20] SB3 / S.40

$$F_{MS\,max} = 60790N < F_{M\,0,9} = F_{Mzul} = 63200N \quad [21]$$

Dieses Ergebnis zeigt, dass die Schraube akzeptabel ist, weil die maximale Vorspannkraft unter der zulässigen Montagevorspannkraft liegt. Da in weiterer Literatur für die speziell gewählte Schraube M12x1 keine Montagevorspannkraft auffindbar ist (es beginnen die Regelfeingewinde üblicherweise mit M12x1,25), wird hier auf die Angaben des Regelgewindes zurückgegriffen.

Die Längskräfte der Schraubenverbindung teilen sich auf in:

$$F_{SA} = n * \phi_K * F_{AS} = 0,6 * 0,109 * 29630N = \underline{1938N}$$
$$F_{PA} = F_{AS} - F_{SA} = 29630N - 1938N = \underline{27692N}$$

Die korrigierte, minimale Montagevorspannkraft lautet:

$$F_{M\,min} = \frac{F_{Mzul}}{\alpha_A} = \frac{63200N}{2} = \underline{31600N}$$

$$F_{V\,min} = \frac{F_{Mzul}}{\alpha_A} - F_Z = 31600N - 2703N = \underline{28897N}$$

Die Restklemmkraft[22] der Schraubenverbindung soll 80% der axialen Betriebskraft betragen.

$$F_{KR} = F_{AS} * 0,8 = 29630N * 0,8 = \underline{23704N}$$

Die Restklemmkraft von 23704N übersteigt F_{kerf} = 0N und gleichzeitig die minimale Restklemmkraft von

$$F_{KR\,min} = F_{V\,min} - F_{PA} = \underline{1205N}$$

und gewährleistet somit die Funktionssicherheit.

4.3.3 Spannungsnachweis

Der Nachweis der Tragfähigkeit[23] der Schraubenverbindung untergliedert sich zu:

$$\sigma_{z\,max} = \frac{F_{Mzul} + \phi_n * F_{AS\,max}}{A_s} = \frac{63200N + 0,0654 * 29630N}{96,1mm^2} = 678N/mm^2$$

$$\tau_{t\,max} = \frac{M_G}{W_t} = \frac{F_{Mzul} * (0,159 * P + 0,577 * d2 * \mu_{G\,min})}{W_t} =$$

---

[21] SB9 / S.32
[22] Angabenblatt S.4
[23] SB3 / S.43

$$\tau_{t\max} = \frac{63200N*(0,159*1,0mm+0,577*11,35mm*0,12)}{245mm^3} = 244N/mm^2$$

$$W_t = \frac{\pi*d_3^3}{16} = \frac{\pi*10,77^3 mm^3}{16} = 245mm^3$$

Der Spannungsnachweis wird nun mittels Vergleichsspannung nach Gestaltänderungsenergiehypothese geführt. (Der Reduktionskoeffizient wird mit $k_\tau=0,5$ berücksichtigt.)

$$\sigma_{v\max} = \sqrt{\sigma_{z\max}^2 + 3*(k_\tau*\tau_{t\max})^2} = \sqrt{(678N/mm^2)^2 + 3*(0,5*244N/mm^2)^2}$$

$$\sigma_{v\max} = 710N/mm^2 < R_e = 940N$$

Die Vergleichsspannung ist geringer als die Streckgrenze, womit der Spannungsnachweis erfüllt ist.

4.3.4 Flächenpressung

Da hier große Vorspannkräfte vorherrschen, ist ein Nachweis der Flächenpressung[23] durchzuführen.

$$A_P = \frac{\pi}{4}*(d_W^2 - d_i^2) = \frac{\pi}{4}*(16,6^2 - 13,5^2)mm^2 = \underline{73,3mm^2}$$

$$p_{vorh} = \frac{F_{Mzul} + \phi_n*F_{AS\max}}{A_P} = \frac{63200N + 0,0654*29630N}{73,3mm^2} = \underline{889N/mm^2}$$

Der Grundplattenwerkstoff ist E295 (St50-2) und besitzt eine Grenzflächenpressung[24] von p_G = 710N/mm², die nicht überschritten werden darf. Der vorhandene Wert von 889 N/mm² ist jedoch höher und somit muss Abhilfe geschaffen werden. Durch Einsatz einer Unterlegscheibe lässt sich die Flächenpressung verändern.

Die gewählte Scheibe[25] nach DIN ISO 7089 -12 - 300HV (für Schrauben mit einer Festigkeitsklasse ≥10.9 werden Scheiben mit einer Vickers Härte von 300 verwendet) verfügt über folgende Abmessungen:
d_1=13,0mm ; d_2=24,0mm ; s=2,5mm ; d_i = 13,5mm ; d_w = d_2

---

[24] SB3 / S.44
[25] SB9 / S.9

Da der Scheibeninnendurchmesser kleiner als der Bohrungsdurchmesser ist, wird zur Berechnung der Bohrungsdurchmesser herangezogen.

$$A_P = \frac{\pi}{4} * (d_W^2 - d_i^2) = \frac{\pi}{4} * (24^2 - 13,5^2) mm^2 = \underline{309,3 mm^2}$$

$$p_{vorh} = \frac{F_{Mzul} + \phi_n * F_{AS\,max}}{A_P} = \frac{63200 N + 0,0654 * 29630 N}{309,3 mm^2} = \underline{211 N/mm^2}$$

Hiermit wird deutlich, dass durch das Integrieren einer Unterlegscheibe die vorhandene Flächenpressung auf ein Drittel der zulässigen Flächenpressung reduziert wird und die Schraubenverbindung somit haltbar ist.

4.3.5 Anzugsmoment

Das erforderliche Anzugsmoment der Schraubenverbindung ergibt sich aus der Nebenrechnung

$$d_{Km} = \frac{d_w + d_h}{2} = \frac{16,6 mm + 13,5 mm}{2} = \underline{15,05 mm}$$

und der Hauptrechnung

$$M_A = F_{Mzul} * (0,159 * P + 0,577 * \mu_{G\,min} * d_2 + \mu_{K\,min} * \frac{d_{Km}}{2}) =$$
$$= 63200 N * (0,159 * 1,0 mm + 0,577 * 0,12 * 11,35 mm + 0,12 * \frac{15,05 mm}{2}) =$$
$$= 116786\ Nmm \approx \underline{117 Nm}$$

(Im Vergleich zum errechneten Drehmoment weist die Tabelle[26] ein Anzugsmoment von 123Nm bei Regelgewinde auf.)

4.3.6 Neu berechnete Werte

Da nun eine Scheibe mit in die Schraubverbindung eingelegt wurde, verändern sich einige Angaben wie folgt:

---

[26] SB9 / S.32

$$l_K = s_{Platte} + s_{Scheibe} = 25mm + 2,5mm = \underline{27,5mm}$$
$$D_{A,Gr} = d_w + 0,58 * w * l_K = 16,6mm + 0,58 * 2 * 27,5mm = \underline{48,5mm}$$
$$D_A = 2*t - d_h = 2*50mm - 13,5mm = 86,5mm$$
$$D_A > D_{A,Gr}$$

Die Höhe des Verformungskegels wird zu
$$l_v = \frac{w*l_K}{2} = \frac{2*27,5mm}{2} = \underline{27,5mm}$$

Die Plattendicke bleibt weiterhin ausreichend, um den Schrauben-verformungskegel voll auszubilden.

Die Mindesteinschraubtiefe wird ermittelt durch
$$\tau_B \approx 0,6 * R_m = 0,6 * 1040N / mm^2 = \underline{624N / mm^2}$$
$$\frac{m_{eff}}{d} \approx 0,7$$
$$m_{eff} = 0,7 * d = 0,7 * 12mm = \underline{8,4mm}$$

Die theoretische Schraubenlänge beträgt
$$27,5mm + 8,4mm = 35,9mm$$

Die gewählte Schraubenlänge ist
$$l_{schr} = \underline{40mm}$$

Für die Plattennachgiebigkeit hat sich d_w = 24,0mm verändert, was sich wie folgt äußert:

$$\delta_P^V = \frac{\ln\left[\frac{(d_w+d_h)*(d_w+1,15*l_v-d_h)}{(d_w-d_h)*(d_w+1,15*l_v+d_h)}\right]}{1,81*E_p*d_h} = \frac{\ln\left[\frac{(24+13,5)*(24+1,15*27,5-13,5)}{(24-13,5)*(24+1,15*27,5+13,5)}\right]}{1,81*210000*13,5} mm/N$$

$$\delta_P^V = 1,52*10^{-7} mm/N$$

$$\delta_P = \frac{2}{w}*\delta_P^V + \delta_P^H = 1*1,52*10^{-7} mm/N$$

Die Nachgiebigkeiten der Schraube ergeben sich zu

$$\delta_{SK} = \frac{l_{SK}}{(E_S*A_N)} = \frac{0,5*12mm}{210000N/mm^2 * \frac{12^2 mm^2 * \pi}{4}} = 2,53*10^{-7} mm/N$$

$$\delta_{Gew} = \frac{l_{Gew}}{(E_S * A_{d_3})} = \frac{27,5mm}{210000N/mm^2 * \frac{10,77^2 mm^2 * \pi}{4}} = 1,44*10^{-6} mm/N$$

l_G = Einschraubtiefe = 40mm - 27,5mm = 12,5mm

$$\delta_G = \frac{l_G}{(E_S * A_{d_3})} = \frac{12,5mm}{210000N/mm^2 * \frac{10,77^2 mm^2 * \pi}{4}} = 6,53*10^{-7} mm/N$$

$$\delta_M = \frac{l_M}{(E_S * A_N)} = \frac{0,33*12mm}{210000N/mm^2 * \frac{12^2 mm^2 * \Pi}{4}} = 1,67*10^{-7} mm/N$$

$$\delta_S = \delta_{SK} + \delta_{Gew} + \delta_G + \delta_M = (2,53+14,4+6,53+1,67)mm/N*10^{-7} = \underline{2,51*10^{-6} mm/N}$$

Das Kraftverhältnis stellt sich so dar:

$$\phi = \phi_K = \frac{\delta_P}{(\delta_P + \delta_S)} = \frac{1,52*10^{-7} mm/N}{2,66*10^{-6} mm/N} = \underline{0,0571}$$

und wird weiter gerechnet zu

$$\phi = \phi_N = n*\phi_K = 0,6*0,0571 = \underline{0,0343}$$

Der Vorspannkraftverlust durch Setzen der Schraubenverbindung wird mit

$f_Z = (3+3+2+2)\mu m = 10\mu m$

zu $\quad F_Z = \frac{f_Z * \phi_K}{\delta_P} = \frac{0,010mm * 0,0571}{1,52*10^{-7} mm/N} = \underline{3757N}$

Die maximale Kraft F_{ASmax} je Schraube (bei insgesamt z=4 Schrauben) wird mit

F_{Amax} berechnet:

$$F_{AS\,max} = \frac{F_{A\,max}}{z} = \frac{118518N}{4} = \underline{29630N}$$

$$F_{MS\,max} = \alpha_A * [F_{Kerf} + (1-n*\Phi_K) * F_{AS\,max} + F_Z] =$$

$$= 2,0 * [0 + (1-0,6*0,0571)*29630 + 3757] = \underline{64744N}$$

$F_{MSmax} = \underline{64744N} > F_{M0,9} = F_{Mzul} = 63200N^{27}$

Da der neue Wert für die maximale Vorspannkraft nur leicht über dem zulässigen steht, kann er laut Angabenblatt (S.5) akzeptiert werden. Zudem ist es möglich, durch vorheriges Einölen der Schraube die Gewindereibungszahl zu verringern (auf μ_G=0,10) und somit wird eine höhere Montagevorspannkraft (nun 64800N) zulässig. Im Übrigen darf noch mal darauf hingewiesen werden, dass für die Berechnung der maximalen Schraubenkraft F_{ASmax} im Vorfeld schon eine Sicherheit von 2,0 mit einkalkuliert war.

Mit MDESIGNmec wird ähnliches ermittelt:

```
E r g e b n i s s e:     Systematische Berechnung hochbeanspruchter
                         Schraubenverbindungen in Anlehnung an VDI 2230
========================================================================

Die Schraubengeometrie ist Anwenderspezifisch!!!

Allgemeine Berechnungswerte
Klemmlänge                                      lk         =      27.50  mr

Winkel des Verformungskegels                    φ          =      63.80  °
Grenzaußendurchmesser des Verformungskegels     DAGr       =     128.38  mr
Gesamthöhe der Verformungshülse                 lH         =      10.30  mr
Gesamthöhe der Verformungskegel                 lV         =      17.20  mr

Elastische Nachgiebigkeiten der Verbindung
Nachgiebigkeit der Schraube:
- bei Raumtemperatur                            δSRT       =   1.9626   10^-
Nachgiebigkeit der verspannten Teile:
- bei Raumtemperatur
  zentrisch verspannt                           δPRT       =   0.1196   10^-

Anziehfaktor                                    α A        =      2.000
Krafteinleitungsfaktor                          n          =      0.600
Kraftverhältnis                                 Φ n        =      0.034
Setzbetrag                                      fz         =     10.00   µr
Mindestklemmkraft für Dichtefunktion            FKP        =      0.00   N
Erforderliche Mindestklemmkraft                 FKerf      =      0.00   N
Vorspannkraftverlust infolge Setzens            Fz         =   4802.53   N
Vorspannkraftänderung infolge Betriebstemp.     ΔF'Vth     =      0.00   N
Axialkraft an der Abhebegrenze                  FAab       =  27753.92   N
HINWEIS:
Es liegt Aufgrund  FA0 > FAab  eine klaffende Verbindung vor.
Eine exakte Bestimmung des Kraft -und Verformungsverhaltens
der Schraubenverbindung ist nicht möglich!
```

---

[27] SB9 / S.32

Zulässige Montagevorspannkraft bei RT	FMzul	=	63200.00 N
Minimal erforderliche Montagevorspannkraft	FMmin	=	62019.35 N
Maximal zu ertragende Montagevorspannkraft	FMmax	=	1.24e+005 N
Minimale Vorspannkraft	FVmin	=	26797.47 N

HINWEIS:
Die Schraube ist aufgrund FMmax > FMzul überlastet. Es ist ggf. ein größerer Schraubennenndurchmesser oder eine andere Festigkeitklasse der Schraube zu wählen!

Betriebsbeanspruchung

Maximale Schraubenkraft im Betrieb	FSmax	=	65242.18 N
Gewindemoment	MG	=	59768.87 Nr
Maximale Zugspannung der Schraube im Betrieb	σ_{zmax}	=	576.87 N,
Maximale Torsionsspannung im Betrieb	τ_{max}	=	176.16 N,
Vergleichsspannung im Betriebszustand	σ_{redB}	=	596.70 N,
Sicherheit geg. Überschreitung der Fließgrenze	SF	=	1.58

Flächenpressung

Auflagefläche:
- Schraubenkopf   ApKmin   =   83.69 mr
- Unterlegscheibe (Kopfseitig)   ApUmin   =   190.15 mr

Montagezustand

Flächenpressung:
- Kopfauflage   pMKmax   =   755.15 N,
- Scheibe/erstes verspannte Teil   pMUmax   =   332.36 N,

Grenzflächepressung:
- Scheibe   pGU   =   709.70 N,
- das erste verspannte Teil   PG1   =   489.60 N,

Sicherheit gegen Flächenpressung:
- Kopfauflage   SpMK   =   0.94
- Scheibe/erstes verspannte Teil   SpMU   =   1.47

HINWEIS:
Die Grenzflächenpressung im Montagezustand wurde überschritten!

Betriebszustand

Flächenpressung:
- Kopfauflage   pBKmax   =   722.17 N,
- Scheibe/das erste verspannte Teil   pBUmax   =   317.85 N,

Grenzflächepressung:
- Scheibe   pGU   =   709.70 N,
- das erste verspannte Teil   PG1   =   489.60 N,

Sicherheit gegen Flächenpressung:
- Kopfauflage   SpBK   =   0.98
- Scheibe/das erste verspannte Teil   SpBU   =   1.54

HINWEIS:
Die Grenzflächenpressung im Betriebszustand wurde überschritten!

Mindesteinschraubtiefe

Scherquerschnitt des Innengewindes	ASGM	=	392.17 mr
Scherquerschnitt der Schraube	ASGS	=	360.12 mr
Festigkeitsverhältnis	Rs	=	0.492
Korrekturfaktor	C3	=	1.052

Scherfestigkeit Einschraubteil	τBM	=	282.00	N,
Bruchkraft des Schraubengewindes	FmS	=	99915.64	N
Abstreifkraft des Innengewindes	FmGM	=	1.16e+005	N
Effektiv vorhandene Einschraubtiefe	mvorheff	=	11.89	mm
Mindesteinschraubtiefe	meffmin	=	11.01	mm

Anziehdrehmoment

Erforderliches Anziehdrehmoment bei RT	MA	=	117.11	Nm

4.4 Bolzendurchbiegung

Für die Einbausituation der Bolzen werden hier zwei Varianten betrachtet, die die verschieden großen Durchbiegungen darstellen sollen. Als Bolzenwerkstoff dient 35S20 (Automatenstahl) mit den Eigenschaften:
$R_m = 600 N/mm^2$; $R_e = 380 N/mm^2$

4.4.1 Modellvariante 1

Es soll die Durchbiegung des Bolzens als auskragender Träger ermittelt werden, der fest im Auge eingespannt ist. Er ist mit einem Presssitz im verstärkten Hohlrechteckprofil verbaut. Die Trägerlänge ist $l_3 = 25mm$. Der Belastungsfall ist in nachstehender Abbildung gezeigt.

Nr.	Belastungsfall	Durchbiegung
1	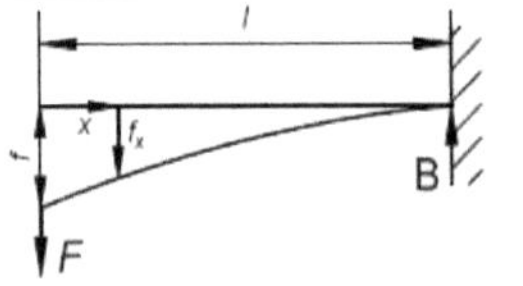	$f = f_{max} = \dfrac{F\, l^3}{3E\, I}$

Abb.6: Modelldarstellung 1

Anhand der folgenden Skizze werden die Momente und Kräfte veranschaulicht.

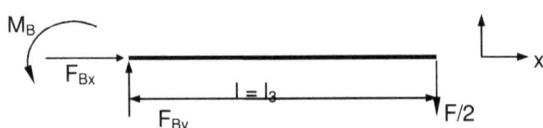

Abb.7: Lagerreaktionen des Bolzens

$$-\frac{F}{2} * l_3 + M_b = 0$$

$$M_b = \frac{F}{2} * l_3$$

$$M_b = 25000 N * 25mm = 625000 Nmm = 625 Nm$$

$$I_x = \frac{\pi * d^4}{64} = \frac{\pi * 40^4 mm^4}{64} = 125664 mm^4$$

$$f = f_{max} = \frac{F * l_3}{3 * E * I} = \frac{25000N * 25^3 mm^3}{3 * 210000N/mm^2 * 125664 mm^4} = 4,93 * 10^{-3} mm$$

4.4.2 Modellvariante 2

Der Bolzen liegt in beiden Augen frei auf, wobei die Mitte des Presssitzes als Auflagepunkt bestimmt ist. Eine Durchbiegung f_1 findet in der Mitte des Bolzens statt, eine Durchbiegung f_2 ist links und rechts der Auflage zu finden.

Nr.	Belastungsfall	Durchbiegung
8	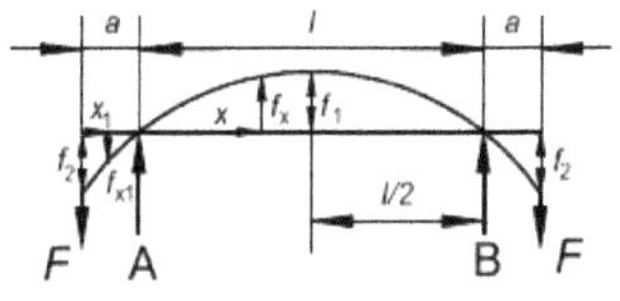	$f_1 = \frac{F\,l^2\,a}{8E\,I}$ $f_2 = \frac{F\,a^2}{2E\,I}\left(l + \frac{2}{3}a\right)$

Abb.8: Modelldarstellung 2

Die Werte (F; E; I_x) für die Formeln können dem Modell 1 entnommen werden.

Für den Abstand l gilt $l = 100 - 2*6 + 16 + 6 = 110 mm$

(Zur Erläuterung: die lichte Breite des Rohres ist $100 - 2*6 mm = 88 mm$

hinzu kommt eine Augenbreite mit 16mm und einmal die Materialstärke des Rohres mit 6mm)

Das Maß a ergibt sich aus der Summe $l_3 = 25 mm$ und die Hälfte der Augenbreite (=8mm) zusammen mit der Rohrwandstärke (=3mm).

$$a = 25mm + 11mm = 36mm$$

$$f_1 = \frac{F * l^2 * a}{8 * E * I_x} = \frac{25000N * 110^2 mm^2 * 36mm}{8 * 210000N/mm^2 * 125664 mm^4} = 0,0516 mm$$

$$f_2 = \frac{F * a^2}{2 * E * I_x} * (l + \frac{2 * a}{3}) = \frac{25000N * 36^2 mm^2 * (110mm + \frac{2 * 36mm}{3})}{2 * 210000N/mm^2 * 125664 mm^4} = 0,0823 mm$$

Bei diesem direkten Vergleich fällt sofort auf, dass Variante 1 eine wesentlich geringere Durchbiegung aufweist als Variante 2. Durch den festen Presssitz hat der Bolzen kaum Platz für Bewegung bzw. wird diese Kraft vom Hohlrechteckprofil und dem Auge bereits aufgenommen, sodass nur noch ein geringer Anteil für eine Durchbiegung übrig bleibt.

4.5 Bolzen

Zu den Angaben aus der Modellrechnung 1 werden noch zusätzlich benötigt:
Stützwirkung[28] K_{2F}=1,2 (für Vollwelle);
Größeneinflussfaktor[29] $K_{1(deff)}$=0,97 ;
δ=4/3 für Kreisform; c_B=1,0 (für statische Belastung)

$$W_X = W_Y = \frac{\pi * d^3}{32} = \frac{\pi * 40^3 \, mm^3}{32} = 6283 mm^3$$

allgemein $\quad \sigma_{b\max} = c_B * \frac{M_b}{W_b} = \frac{1*625000 Nmm}{6283 mm^3} = 99 N/mm^2$

speziell für Vollbolzen wird die nächste Formel verwendet

$$\sigma_{b\max} = c_B * \frac{M_b}{0,1*d^3} = \frac{1*625000 Nmm}{0,1*40^3 \, mm^3} = 98 N/mm^2$$

Beide Werte der Biegespannung liegen unter der zulässigen Biegespannung von 146 N/mm² und sind somit akzeptabel.

Die maximal zulässige Schubspannung[30] bei statischer Belastung ist

$$\tau_{Szul} \approx 0,2 * R_m = 0,2 * 600 N/mm^2 = 120 N/mm^2$$

Die maximale Schubspannung beträgt

$$\tau_{S\max} = \frac{\delta * F_Q}{A} = \frac{\frac{4}{3}*25000 N}{\frac{40^2 \, mm^2 * \pi}{4}} = 26,5 N/mm^2$$

und ist damit geringer als der maximal zulässige Wert, womit der Beweis der Haltbarkeit erbracht ist. Die Flächenpressung im Auge muss laut Angabenblatt nicht nachgewiesen werden, da die erforderliche Breite im Entwurf von 10,4mm mit einer Sicherheit S=1,5 auf 16mm vergrößert

---

[28] SB9 / S.17
[29] SB9 / S.18
[30] SB3 / S.55

wurde. Die Schweißnaht für das Auge am Träger soll als Kehlnaht ausgeführt werden und errechnet sich wie gehabt:

$$a = 0{,}7 * s = 0{,}7 * 6mm = 4{,}2mm$$

Da 4mm naheliegend sind und an den übrigen Teilen bereits eine Schweißnahtdicke von 4mm festgelegt wurde, gilt auch hier a=4mm.
Eine Nachrechnung ist laut Angabenblatt nicht erforderlich.
Zusätzlich fügt sich noch die Berechnung mit MDESIGNmec an:

Ergebnisse :

```
Festigkeitshypothese            = Normalspannungshypothese

Gesamtlänge der Welle                                        lg  190
Gesamtmasse der Welle                                        m   1.87
Massenträgheitsmoment der Welle                              J   0.000375
Position des Schwerpunktes auf der x-Achse                   xs  95

Lagerreaktionskräfte                                         .Lager      1
--------------------
Radialkraft      (Y - Achse)         Fry,       N    =         0.0
Radialkraft      (Z - Achse)         Frz,       N    =         0.0
Result. Radialkraft                  Fr,        N    =         0.0
Res. Axialkraft  (X - Achse)         Fax,       N    =    -25000.0
Neigungswinkel                       α,         °    =         0.000000

Belastungen                                             Belastung

Result. max. Biegemoment             Mbmax           =         0.0       Nm
Result. max. Biegespannung           σbmax           =         0.0       N/mm²
Result. max. Torsionsspannung        τtmax           =         0.0       N/mm²
Result. max. Zug-Druckspan.          σzdmax          =       -19.9       N/mm²
Min. Sicherheit geg. Dauerbruch      Sd              =        12.8
Min. Sicherheit geg. Fließen         Sf              =        15.8

Result. max. Durchbiegung            ymax            =         0.000000  mm
Winkel der max. Durchbiegung                         =         0.000000  °

Werkstoff-Kenndaten aus Smith - Diagramm für              d         =   40.0
     (am Probestab mit d =            40.0    mm    :     )
------------------
Zugfestigkeit                                             Rm        =  640.(
Streckgrenze                                              Re        =  315.(
Biegefließgrenze                                          σbf       =  393.8
Torsionsfließgrenze                                       τtf       =  204.8
Obere Zug-Druck-Dauerfestigkeit                           σzgrenz   =  315.(
Obere Biegedauerfestigkeit                                σbgrenz   =  393.8
Obere Verdrehdauerfestigkeit                              σtgrenz   =  204.8

Berechnungsergebnisse für Stelle x =                    25   mm    :
---------------------
Biegemoment                                               Mbx       =    0.(
Biegespannung                                             σbx       =    0.(
Torsionsspannung                                          τtx       =    0.(
Zug-Druck-Spannung                                        σzdx      =  -19.9
Sicherheit gegen Dauerbruch                               Sdx       =   12.8
Sicherheit gegen Fließen                                  Sfx       =   15.8
Durchbiegung                                              yx        =    0.000000
Winkel der Durchbiegung                                             =    0.000000
```

Zusätzliche Wellendaten

Wellen-absatznr.	l mm	m kg	Ip mm⁴	J kgm²
1	190.0	1.87	251327.4	0.000375

5 Stückliste

Pos.	Menge	Einheit	Benennung	Norm-Kurzbezeichnung	Bemerkung
1	1	St.	Schweißbaugruppe	Konsolanschluss	
1.1.	1	St.	Grundplatte	DIN EN 10137-2-200x300x25	E295
1.2.	1	St.	Träger	DIN EN 10210-2-200x100x6	S235JRH
1.3.	2	St.	Buchse	Rundstab EN 10025-60x16	S235JRH
2	1	St.	Bolzen	DIN EN ISO 2340-A-40x190-St.	35S20
3	1	St.	Gabelkopf	DIN 71752 G 40 x 84-M42x2	GG-25
4	4	St.	Sechskantschraube	DIN EN ISO 4017-M12x1x40-10.9	Stahl
5	4	St.	Scheibe	DIN EN ISO 7089-12-300 HV	Stahl

6 Konstruktionsbeschreibung

Das zuerst gewählte Hohlrechteckprofil DIN EN 10210-2-180x100x6 konnte nicht verbaut werden, weil für eine tragende Schweißnaht nicht genügend Fläche vorhanden war. Somit wurde das nächstgrößere Profil DIN10210-2-200x100x6 gewählt. Ein Nachteil bei der großen Fläche der Kehlnaht ist der starke Verzug der Platte, der unvermeidbar ist trotz der Stärke von 25mm. Sie wird leicht „schüsseln", das heißt, dass sich alle vier Seiten hochbiegen werden und die Platte muss neu gerichtet werden.

Für den Presssitz der Bolzenverbindung werden die Buchsen beiderseits auf das Hohlrechteckprofil aufgeschweißt und danach verbohrt und gerieben. Somit schadet der Schweißverzug nicht der Konstruktion und zudem wird die Wandstärke des Hohlrechteckprofils mit genutzt für die Passung (nach dem System Einheitsbohrung).

Der Bolzen wird schon in dem Enddurchmesser bestellt und lediglich abgelängt.

Der Gabelkopf ist ein standardisiertes Normteil, das wie die Schrauben und die Scheiben fertig bestellt werden kann. Bei der Auslegung des Schraubendurchmessers wurde zu Gunsten der maximalen Ausnutzung die Gewindestärke M12x1 gewählt. Rein optisch hätte M16 Regelgewinde besser zu der kompletten Schweißkonstruktion gepasst aufgrund ihrer enormen Ausmaße, jedoch wurde mehr Wert auf die rechnerischen Ergebnisse gelegt. Im ersten Angang war die Flächenpressung der Schraubenverbindung zu hoch, was aber deutlich durch den Einsatz einer Unterlegscheibe vermindert wurde. Da sich die Schweißbaugruppe auf einer Kante abstützt, konnten einige Kräfte in den Berechnungen vernachlässigt werden. Gleichzeitig verminderte dies die Auslegung von Bauteilen. Nachteilig hingegen äußert sich jenes aber bei der Herstellung derselben, da viel Aufwand betrieben werden muss, um den Konsolanschluss in die geforderten Toleranzen (nach Zeichnung) zu bringen. Im ungünstigsten Fall muss eine Schweißlehre oder

Bohrschablone zusätzlich gebaut werden, um die Rechtwinkligkeit und Parallelität zu erzeugen. Von bedeutender Wichtigkeit ist, dass die Krafteinleitung wirklich symmetrisch zum Kragarm stattfindet, denn sonst erfährt der Konsolanschluss Torsionsmomente, für die er nicht ausgelegt wurde.

7 Literaturverzeichnis

FISCHER, K.-F. (2005): Taschenbuch der Technischen Formeln, 3.Auflage, Leipzig: Carl Hanser Verlag

GLÄSER, H. (2005): Konstruktion. Studienbrief 2: Normung und Gestaltungslehre. Studienbrief der Hamburger Fern-Hochschule

HASE, W. (2006): Konstruktion. Studienbrief 9: Arbeitsblätter. Studienbrief der Hamburger Fern-Hochschule

HOISCHEN H., HESSER W. (2005): Technisches Zeichnen, Grundlagen, Beispiele, Darstellende Geometrie. 30., grundl. überarb. u. akt. Aufl., Hamburg/ Berlin: Cornelsen Verlag

LORI, W. (2006): Konstruktion. Studienbrief 3: Maschinenelemente I, unlösbare und lösbare Verbindungen, Federn. Studienbrief der Hamburger Fern-Hochschule

NEßLER, W. (2007): Konstruktion. Studienbrief 1: Technische Darstellungslehre.
Studienbrief der Hamburger Fern-Hochschule

8 Anlagen

Zusammenbauzeichnung „Konsolanschluss, montiert"

Zeichnung „Grundplatte"

Coverbild: pixabay.com

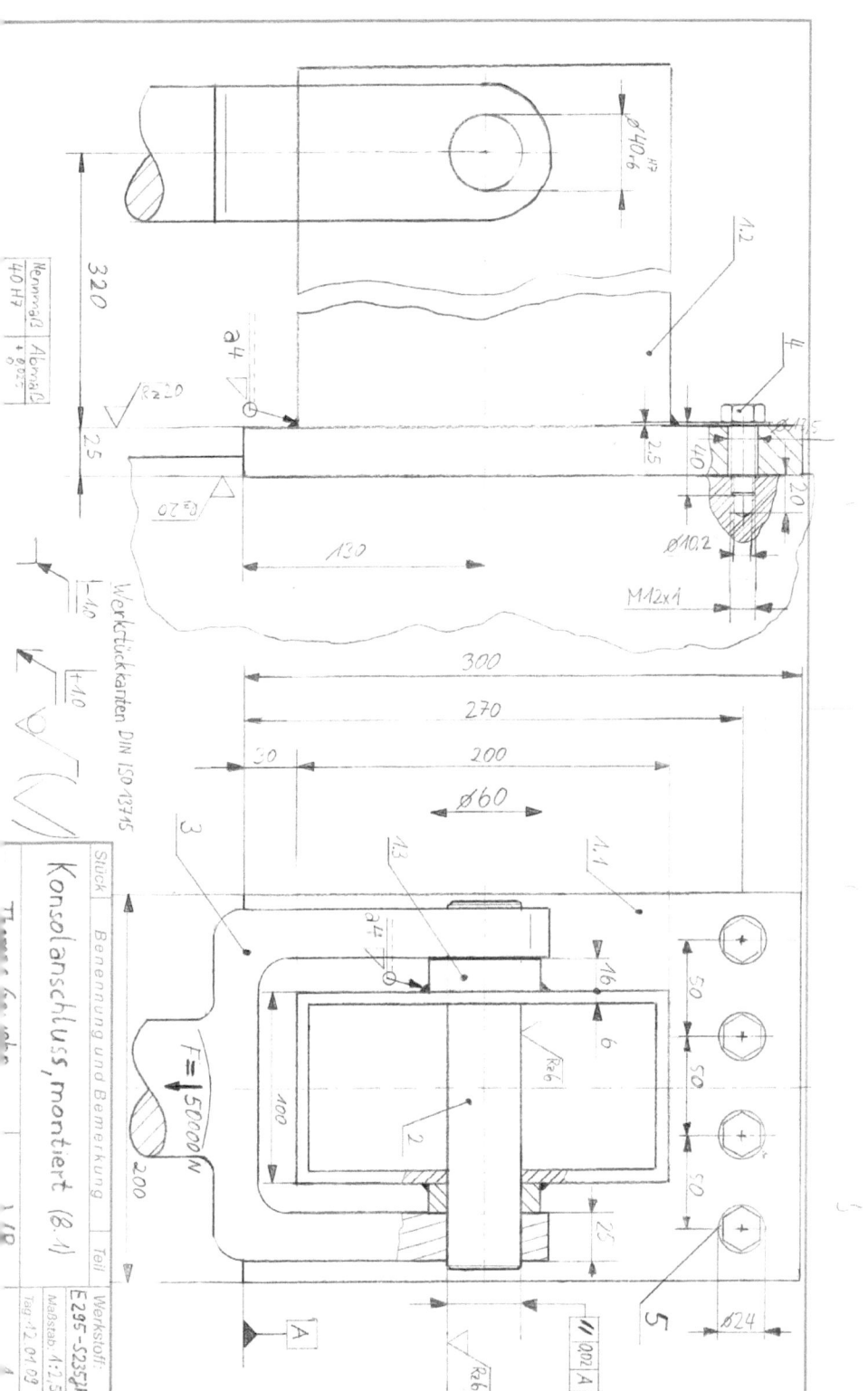

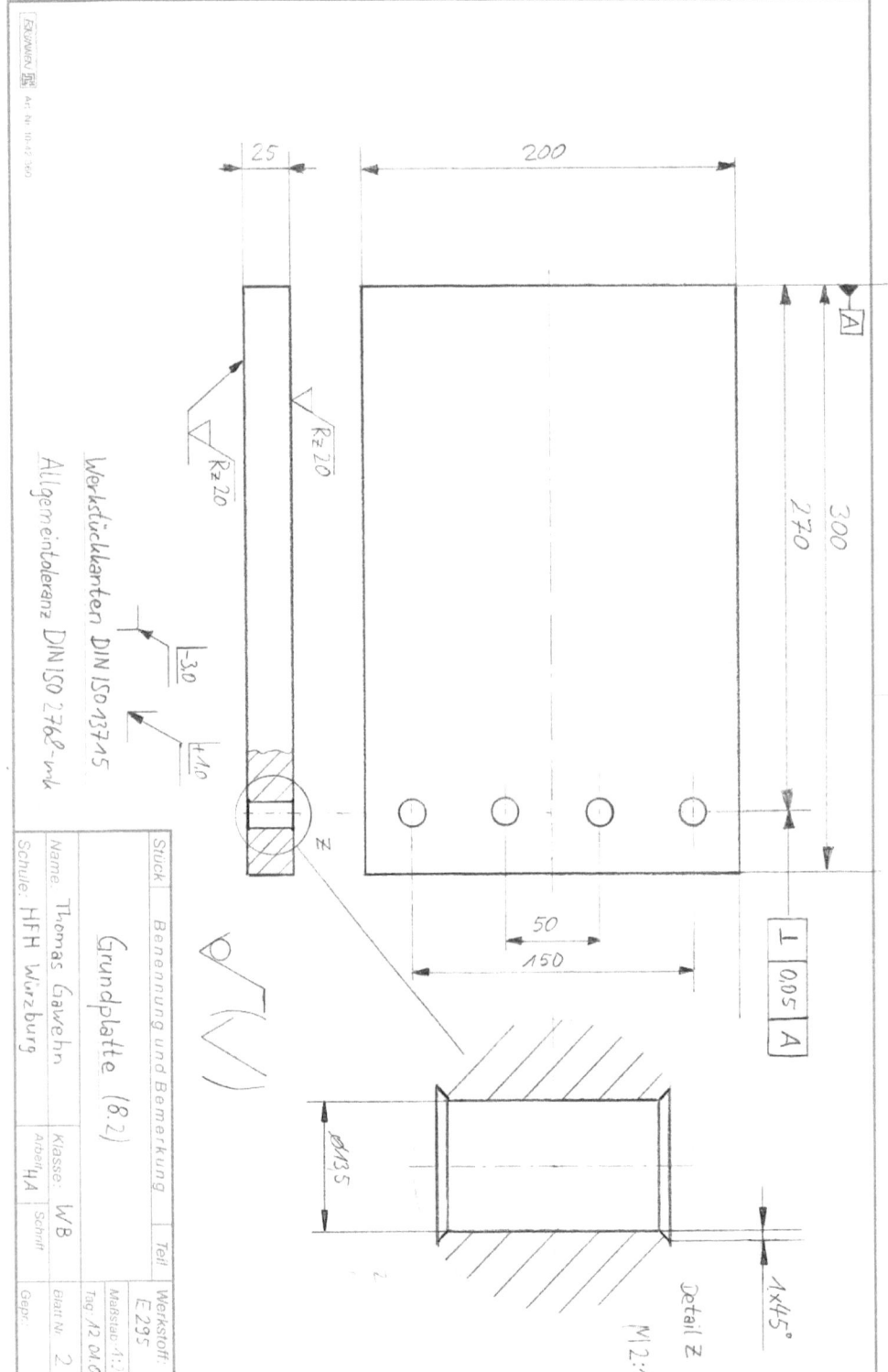